BEI GRIN MACHT SICH IHR WISSEN BEZAHLT

- Wir veröffentlichen Ihre Hausarbeit,
  Bachelor- und Masterarbeit

- Ihr eigenes eBook und Buch -
  weltweit in allen wichtigen Shops

- Verdienen Sie an jedem Verkauf

Jetzt bei www.GRIN.com hochladen und kostenlos publizieren

Moritz Hilgers

Energiepflanzen als gefragte Produkte auf dem Weltmarkt - räumliche Auswirkungen in den Anbauländern

GRIN Verlag

Bibliografische Information der Deutschen Nationalbibliothek:

Die Deutsche Bibliothek verzeichnet diese Publikation in der Deutschen National-
bibliografie; detaillierte bibliografische Daten sind im Internet über http://dnb.d-
nb.de/ abrufbar.

Impressum:

Copyright © 2009 GRIN Verlag GmbH
Druck und Bindung: Books on Demand GmbH, Norderstedt Germany
ISBN: 978-3-656-17381-6

Dieses Buch bei GRIN:

http://www.grin.com/de/e-book/192435/energiepflanzen-als-gefragte-produkte-
auf-dem-weltmarkt-raeumliche-auswirkungen

GRIN - Your knowledge has value

Der GRIN Verlag publiziert seit 1998 wissenschaftliche Arbeiten von Studenten, Hochschullehrern und anderen Akademikern als eBook und gedrucktes Buch. Die Verlagswebsite www.grin.com ist die ideale Plattform zur Veröffentlichung von Hausarbeiten, Abschlussarbeiten, wissenschaftlichen Aufsätzen, Dissertationen und Fachbüchern.

Besuchen Sie uns im Internet:

http://www.grin.com/

http://www.facebook.com/grincom

http://www.twitter.com/grin_com

RWTH Aachen 30.3.2009

Geographisches Institut

Grundseminar Wirtschaftsgeographie

Sommersemester 2009

Hausarbeit

Energiepflanzen als gefragte Produkte auf dem Weltmarkt: räumliche Auswirkungen in den Anbauländern

Moritz Hilgers

Moritz Hilgers

2. Semester

Studienfach: B.Sc. Angewandte Geographie

Inhaltsverzeichnis

1 Einleitung

Aufgrund der in den letzten Jahren stark angestiegenen Rohölpreise (siehe Abb.1) und dem durch den Klimawandel geschärften Klimabewusstsein erfahren Biokraftstoffe, allen voran Bioethanol und Biodiesel, weltweit wachsender Beliebtheit. Der im Jahre 2000 von Meurer (2000:17) angesprochene Grenzbereich von 30 US$ pro Barrel (Maßeinheit des Raums; etwa 159 Liter) Rohöl, ab dem den biogenen Brennstoffen eine Wettbewerbsfähigkeit attestiert wird, wurde in den letzten fünf Jahren teilweise deutlich (Tagesspitzenwerte bis über 140 US$) überschritten. Hinzu kommen von staatlicher Seite Zielvorgaben und Unterstützung bezüglich der Förderung der Verwendung von Biokraftstoffen. So wie in der EU-Richtlinie von 2003, die einen Marktanteil dieser Kraftstoffe in allen Mitgliedsländern der EU bis zum Jahre 2005 von 2%, bis Ende 2010 von 5,75% und bis 2020 von 20% vorsah bzw. vorsieht (Reinhardt/Gärtner 2005:400) und dafür z.B. Steuerbefreiungen einräumt. Diese Arbeit „Energiepflanzen auf dem Weltmarkt: räumliche Auswirkungen in den Anbauländern" gibt zunächst einen Überblick über Energiepflanzen und hauptsächlich deren Verwendung als Biokraftstoffe. Desweiteren werden die wichtigsten Anbauländer und die Situation in Deutschland angeführt. Einen thematischen Schwerpunkt bilden die räumlichen Auswirkungen in den Anbauländern, die am Beispiel Brasiliens verdeutlicht werden.

Abb. 1: Entwicklung des Rohölpreises 1960 bis 2008. Quelle: Tecson (2009)

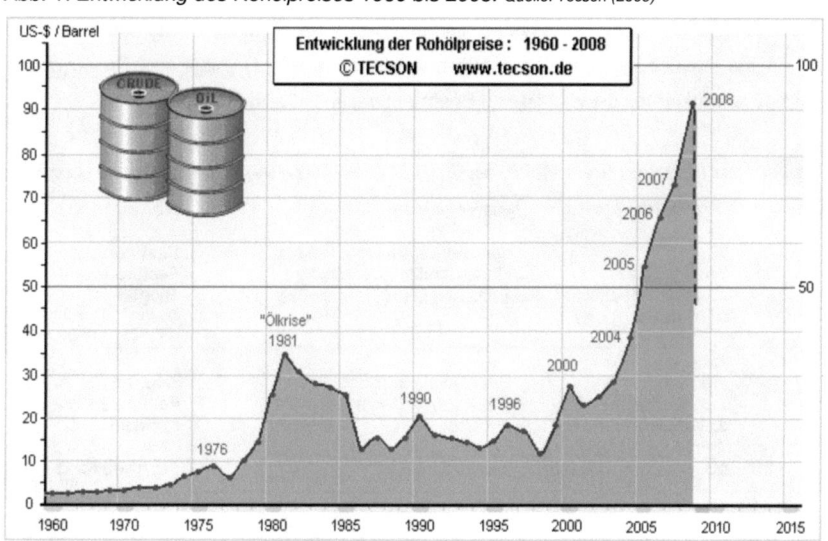

2 Energiepflanzen und deren Verwendung

Energiepflanzen sind Pflanzen, die gezielt und ausschließlich für die energetische Nutzung produziert werden (Kaltschmitt/Reinhardt 1997:12). Dieses Merkmal unterscheidet sie von organischen Rückständen und Abfällen (wie z.b. Stroh als Rückstand der Getreideproduktion oder Reste von Waldholz), welche das andere Segment der Biomasse bilden (Meurer 2000:16). Die Biomasse entsteht duch den Vorgang der Photosynthese bei Pflanzen. Der Luft wird Kohlenstoffdioxid (CO_2) entnommen und unter Energiezufuhr aus Sonnenlicht werden Kohlehydrate aufgebaut. Etwa 0,5 bis 6,5% der Strahlungsenergie wird chemisch gebunden und ein Teil dieser Energie wird in der organischen Materie der Pflanzen bzw. in den Pflanzen konsumierenden Tieren und Menschen gespeichert. Diese Energie kann nun durch verschiedene Verfahren bei der Stromerzeugung, der Wärmeerzeugung oder als Kraftstoff verwendet werden. Damit wird die Biomasse zum biogenen Energieträger. (Brücher 2009:208). Ihr Vorteil gegenüber fossilen Energieträgern liegt neben dem relativ raschen Nachwachsen in der weitgehend ausgeglichenen CO_2-Bilanz, da das bei der Umwandlung in Nutzenergie emittierte CO_2 der Biomasse zuvor bei ihrer Bildung aus der Atmosphäre entnommen wurde. Bei einer Berechnung der CO_2-Minderungsleistung ist aber zu beachten, dass energetische Vorleistungen bis zur Bereitstellung des nutzbaren Biomasseenergieträgers eine nicht vollständig ausgeglichene CO_2-Bilanz bedingen (Flaig 1998:1). Biogene Brennstoffe sind in allen drei Aggregatzuständen vertreten. Die Energiepflanzen können als Festbrennstoffe, Kraftstoffe und auch als Biogas verarbeitet werden. Tierische Reststoffe wie Gülle sind hingegen nur für die Herstellung von Biogas relevant. (siehe Tabelle 1) „Mais und Zuckerrohr sind mit jeweils 40% Marktanteil die wichtigsten Energiepflanzen" (Gerling/Gans 2008:58).

Tabelle 1: Struktur der biogenen Brennstoffe. Quelle: eigene Tabelle nach Meurer (2000), S. 18 und FNR (2009)

Rohstoffgruppe	Quelle/Rohstoff	Aufbereitung	Brennstoffart
Reststoffe	Stroh	Häckselgut, Briketts, Pellets	Festbrennstoff
	Waldrestholz	Hackschnitzel, Scheitholz	Festbrennstoff
	Tierische Reststoffe (Gülle)	Entschwefelung, Trocknung	Biogas
Energiepflanzen	Einjahreskulturen		
	z.B. Mais	Entschwefelung, Trocknung	Biogas
	z.B. Weizen, Gerste	Häckselgut, Briketts, Pellets	Festbrennstoff
	z.B. Zuckerrüben	Ethanol	Kraftstoff
	Mehrjahreskulturen		
	z.B. Pappeln, Weiden	Hackschnitzel	Festbrennstoff

Im Folgenden werden aus Platzgründen und unter Berücksichtigung des Themenschwerpunktes nur die Biokraftstoffe vorgestellt.

2.1 Bioöl/Pflanzenöl

Bioöl ist der am einfachsten herzustellende Biotreibstoff. Für seine Herstellung kommen über 1000 verschiedene Ölpflanzen in Frage. Am meisten verbreitet ist die Herstellung mit Sojapflanzen (Ertrag von 500 Liter pro Hektar), Raps (etwa 1000 l/ha) oder Ölpalmen (>4000 l/ha). In Ölmühlen wird das Pflanzenöl direkt durch Pressung oder Extraktion (Herauslösung) hergestellt (Quaschning 2008:277). Schwebstoffe (z.B. Staub) werden anschließend durch Filtration oder Sedimentation herausgetrennt. Der Rest wird in der Regel als Tierfutter eingesetzt (Geitmann 2005:66). Das Pflanzenöl enthält 35 Megajoule pro Liter bzw. 96% des Energiegehalts von Dieselöl (Brücher 2009:213). Für die Umrüstung von Fahrzeugen gibt es speziell für den Betrieb mit Pflanzenöl entwickelte Motoren (Geitmann 2005:66). Durch Anpassungen und Umbauten lassen sich aber auch normale Dieselmotoren mit Pflanzenöl betreiben (Quaschning 2008:277). 2002 lagen die durchschnittlichen Umbaukosten bei etwa 2500 bis 3500 Euro (Geitmann 2005:67). Der Pflanzenölpreis lag 2006 mit etwa 60 bis 80 Cent pro Liter im unteren Bereich bei den Biokraftstoffpreisen. (vgl. Abb.2)

2.2 Biodiesel

Biodiesel kommt, wie der Name schon sagt, den Eigenschaften von herkömmlichen Dieselkraftstoffen deutlich näher als reine Pflanzenöle. Als Rohstoff werden aber ebenfalls Pflanzenöle oder tierische Fette verwendet. In einer sogenannten Umesterungsanlage wird aus dem Pflanzenöl zusammen mit Methanol (Alkohol) und unter Zugabe eines Katalysators Biodiesel (Rapsöl-Methylester) und das für die Pharma-, Kunststoff- und Lackindustrie nutzbare Nebenprodukt Glycerin (Quaschning 2008:278). Biodiesel weist 33 MJ/l auf, was einen 91% - Energiegehalt von Diesel bedeutet. Er ist allein oder gemischt mit Dieselöl verwendbar, wie zum Beispiel als „B-10-Diesel" mit einem biogenen Anteil von 10%, jedoch mit einem 8% höheren Verbrauch (Brücher 2009:213). Wird reiner Biodiesel getankt, sollte der Motor vom Hersteller freigegeben sein (Quaschning 2008:278). Der Biodieselpreis lag 2006 etwa zwischen 80 und 105 Cent pro Liter. (vgl. Abb.2)

2.3 Bioethanol

Bioethanol ist ein Alkohol, den man durch Vergärung von Zucker und Stärke aus Pflanzen wie Zuckerrüben, Zuckerrohr oder Mais gewinnen kann (Brücher 2009:213). Mit neuen Verfahren, die derzeit aber noch mit sehr hohen Kosten verbunden sind, können auch Holz und Stroh (Zellulose) zu Bioethanol vergoren werden (FNR 2009). Der Energieaufwand für die Bioethanol-herstellung ist relativ hoch und mit 21 MJ enthält Ethanol nur 65% des Energiewertes von herkömmlichen Benzin (Brücher 2009:213). Der Vorteil ist, dass sich Bioethanol problemlos mit Benzin mischen lässt (Quaschning 2008:279). In Deutschland wird dem Benzin in geringen Mengen Bioethanol beigemischt, was bis zu einem Anteil von 5 - 10% ohne Probleme und ohne Modifikationen des normalen Benzinmotors möglich ist. Bei höheren Ethanolanteilen muss allerdings der Motor umgerüstet werden. Das in Abbildung 2 aufgeführte E85 bedeutet, dass der Kraftstoff zu 85 % aus Bioethanol und 15 % aus Benzin besteht (Quaschning 2008:279). Als Reinkraftstoff kann Bioethanol nicht in herkömmlichen Motoren, sondern nur in speziell entwickelten Reinalkoholmotoren verwendet werden (Kaltschmitt/Reinhardt 1997:61). Der Preis war 2006 mit etwa 45 bis 60 Cent pro Euro der billigste unter den Biokraftstoffen. (vgl. Abb.2)

2.4 Biomass-to-Liquid - Kraftstoffe

Die zuvor angeführten Biokraftstoffe gehören zur ersten Generation. Bei ihrer Verwendung lassen sich nur öl-, zucker- oder stärkehaltige Teile von Pflanzen zur Treibstoffgewinnung nutzen. Diesen Nachteil soll die noch in der Pilotphase steckende zweite Generation der Treibstoffe überwinden. Für die **B**iomass-**t**o-**L**iquid - Treibstoffherstellung kann nämlich hingegen die ganze Energiepflanze oder verschiedene Rohstoffe wie Stroh, Bioabfälle und Restholz komplett genutzt werden. Somit erhöhen sich Potenzial und möglicher Flächenertrag erheblich (Quaschning 2008:280). (vgl. Abb.2) Schätzungen zufolge, könnten etwa 4000 Liter Kraftstoff pro Hektar erzeugt werden. Das Herstellungsverfahren ist komplex und besteht in erster Linie aus den Verfahrensschritten Biomassevergasung, Gasreinigung, Kraftstoffsynthese (Vereinigung von mehreren Elementen zu einer neuen Einheit) und Produktaufbereitung (FNR 2009). Ein Vorteil der BtL-Kraftstoffe ist auch, dass sie direkt herkömmliche Kraftstoffe ohne Motoranpassungen ersetzen können. „Durch die aufwändige Herstellung sind BtL-Kraftstoffe allerdings vergleichsweise teuer" (Quaschning 2008:281).

2.5 Biomethan

Biomethan ist der einzige gasförmige Biokraftstoff, welcher allerdings bisher nur sehr selten verwendet wird und auch zur zweiten Generation gehört. (deswegen auch keine Aufführung in Abb.4) Der Ausgangsstoff hierfür ist das Biogas, welches in Deutschland heute vorwiegend in landwirtschaftlichen Anlagen durch die Vergärung von Gülle und Energiepflanzen gewonnen wird. Neben einem Methan-Gehalt von etwa 55% enthält Biogas auch wesentliche Anteile an

Kohlendioxid und geringe Mengen an Schwefelwasserstoff und anderen Spurengasen. Als Kraftstoff ist aber nur das Methan, welches eine ähnliche Qualität wie Erdgas besitzt und auch in Erdgasfahrzeugen eingesetzt werden kann, nutzbar. „Die Abtrennung von den restlichen Biogas-Bestandteilen ist deshalb eine entscheidende Voraussetzung." Biomethan hat vergleichsweise einen hohen Flächenertrag und im Vergleich zu BtL niedrige Kosten (FNR 2009). (vgl. Abb.2)

Links: Abb. 2: Biokraftstoffe im Vergleich. Quelle: FNR (2009)

Rechts: Abb. 3: Preisvergleich Biokraftstoffe in Deutschland 2006. Quelle: FNR (2009)

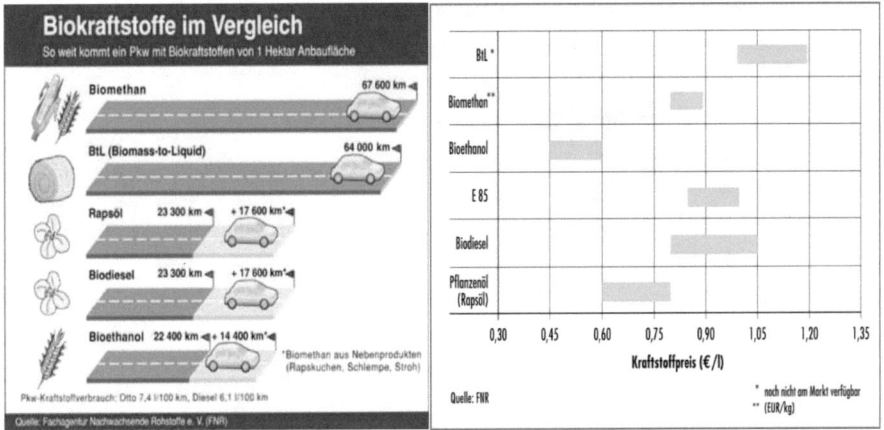

Zu berücksichtigen ist, dass die in Abb. 2 angegebenen Preise auch durch die damalige vollständige Befreiung der Biokraftstoffe von der Mineralölsteuer zu Stande kamen.

Inzwischen gibt es eine Beimischungspflicht als staatliche Regelung (Bundestag 2007).

3 Wichtige Anbauländer und die Situation in Deutschland

Biokraftstoffe liefern heute global etwa 1% der flüssigen Treibstoffe. Die bei weitem wichtigsten sind Bioethanol und Biodiesel (Brücher 2009:214) mit 90 bzw. 10% Weltmarktanteil (Gerling/Gans 2008:58). In Deutschland lag der Biokraftstoffanteil im Jahre 2007 bei etwa 7,3 % (siehe Abb.4), wobei der größte Anteil des Biodiesels als Mineralölbeimischungen und Kraftstoff für Nutzfahrzeuge (an Eigenverbrauchstankstellen erhältlich) verwendet wird (FNR 2009).

Laut dem Worldwatch Institute (2006:6) sind die USA, denen Mais als Hauptrohstoff dient, mit rund 18.300 Millionen Liter (Jahr 2006) größter Bioethanolproduzent. Das sind etwa 47,9% der globalen Produktion. Brücher (2009:220) spricht für das Jahr 2007 von einer Zahl von 24 Mili-

6

arden Litern bzw. einem 3,5% Anteil am US-Benzinkonsum. Zudem beginnt man sogar aus dem in der Produktion knapp dahinter rangierenden Brasilien zu importieren. 2006 belief sich die Produktion in Brasilien, welche dort hauptsächlich mit Zuckerrohr abläuft, auf etwa 15,7 Milliarden Liter. (ca. 41,1% Anteil) Mit sicherem Abstand folgen die EU (1,55 Mrd.), China (1,3 Mrd.) und Kanada (0,5 Mrd.). Größter Biodieselproduzent ist Deutschland, das hauptsächlich mit Raps eine jährliche Produktion von etwa 2,5 Milliarden Litern erzielt und somit etwa 40% Anteil an der Gesamtproduktion besitzt. Gefolgt von den USA mit 852 Mio. (Hauptrohstoff Soja), Frankreich mit 625 Mio. und Italien mit 568 Mio. Litern (Worldwatch Institute 2006, S.6).

Abb. 4: Primärkraftstoffverbrauch 2007 in Deutschland. Quelle: FNR (2009)

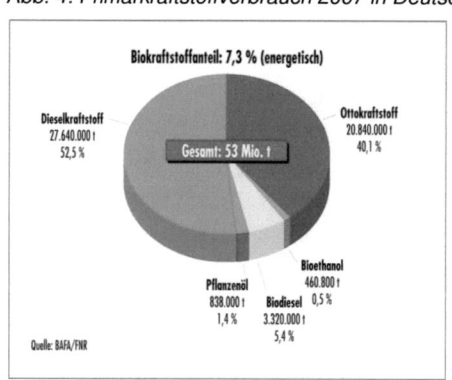

4 Räumliche Auswirkungen mit dem Beispiel Brasilien

Durch die Vorantreibung des Anbaus und der Verwendung von Energiepflanzen bzw. den daraus hergestellten Biokraftstoffen sind insbesondere für die armen Agrarländer des Südens einerseits ungeahnte Chancen, andererseits aber auch immense Risiken entstanden. Klare Vorteile bei den klimatischen Bedingungen, den Produktions- und Arbeitskosten machen die Energiegewinnung in den ärmeren Anbauländern besonders attraktiv. Die gestiegene Nachfrage nach Energiepflanzen lässt zum einen die Preise derselben, zum anderen wegen der Konkurrenz um Nutzflächen die aller landwirtschaftlichen Produkte sowie der Nutzflächen selbst steigen. Dies hat natürlich für die Landwirte positive finanzielle Effekte. Da die Herstellung von Biotreibstoffen etwa 100 Mal mehr Beschäftige erfordert als die fossiler Treibstoffe, werden Arbeitsplätze geschaffen, welche wiederum ein erhöhtes Einkommen mit sich ziehen. Desweiteren könnten Energiepreise gedrosselt und Devisen eingespart werden, da die Abhängigkeit von Importen reduziert wird. Involvierte Industrien wie die Autoindustrie würden profitieren, da teilweise neue Motoren für die Nutzung notwendig sind. Schließlich begünstigen ausländischen Direktinvestitionen die wirtschaftliche Entwicklung und den Technologietransfer. Diesen positiven Effekten stehen immense Gefahren gegenüber. So drohen höhere Profite bei Energiepflanzen gegenüber Nahrungspflanzen die weltweite Ernährungsbasis aufs Spiel zu setzen. Bei steigenden Nahrungsmittelpreisen wird die bestehende Armut von nicht in der Landwirtschaft Beschäftigten weiter verstärkt. Nach Schätzung der Vereinten Nationen, dass 1% höhere Lebensmittelpreis etwa 16 Mio. mehr Hungernde mit sich bringen würden. Die ökonomische Ungleichheit zwischen Arm und Reich würde zudem durch die höheren Preise verstärkt, da bei armen Menschen der Anteil ihres Haushalteinkommen an Grundnahrungsmitteln größer ist. Zusätzlich könnten die durch hohe zu erwartende Erträge bestimmter landwirtschaftlicher Produkte resultierenden Preisschwankungen das Einkommensrisiko der Bauern verstärken. Die zunehmende Konkurrenz von landwirtschaftlichen Nutzflächen lässt höhere Bodenpreise entstehen, welche Kleinbauern eher zum Verkauf an Großbetrieben bewegen lässt. So verbleiben sie dann häufig als Lohnarbeiter auf den Feldern oder wandern als unqualifizierte Arbeitskräfte in die Städte ab (Gerling/Gans 2008:59-60). Klaus Schenk (2008:33) spricht von der Form des Vertragsanbaus, bei dem Bauern auf ihrem Land im Rahmen langfristiger Verträge mit Firmen Biokraftstoffplantagen anlegen. Dabei liefern die Unternehmen den Bauern auf Kredit die erforderlichen Technologien und Dienstleistungen und nicht selten treiben Knebelverträge die Bauern in den Ruin und die Unternehmen übernehmen das Land. Ein weiterer Negativaspekt ist das Konfliktfeld mit dem Natur- und Klimaschutz. Die Monokultur, also der jährlich wiederkehrender Anbau von dergleichen Frucht auf einer Ackerfläche, erhöht das Auslaugen, Versalzen oder die Erosion von Böden. Zudem steigt hierbei der Dünge- und Pflanzenschutzmittelbedarf, da einseitige Beanspruchung und bei mehrjährigem Entzug von großen Mengen an Biomasse ein erheblicher Humus- und Nährstoffverlust die Bodenfruchtbarkeit verschlechtert. Das Ernteausfallrisiko wird erhöht. Außerdem wird durch Monokulturen der Erhalt der biologischen Vielfalt erschwert. „Eine Ausweitung der Nutzflächen würde Moore sowie Wälder gefährden und natürliche Schutzwälle gegen Wasser und Wüste zerstören" (Gerling/Gans 2008:60).

Brasilien ist bei einer Untersuchung von räumlichen Auswirkungen aufgrund einer mehr als 30-jährigen Geschichte der Produktion und des Einsatzes von Bioethanol als Treibstoff als Beispiel gut geeignet (Breuer et al. 2008:62). 1975 begann man dort vor allem wegen der durch die Ölkrise verursachten sprunghaften Rohölverteuerung (bis dahin wurden über 80% der fossilen Brennstoffe importiert) auf den Einsatz von Äthylalkohol (Bioethanol), in der Hauptsache erzeugt durch Zuckerrohr, umzustellen um eine gewisse Autarkie auf dem Energiemarkt zu erlangen (Dünckmann 2000:22). In diesem Rahmen wurde von der brasilianischen Regierung das breit angelegt Programm PROÁLCOOL initiiert. Mithilfe von Instrumenten wie zum Beispiel günstigen Kreditvergaben an Zuckerrohrbetriebe oder auch eine Maximalpreisfestlegung von Bioethanol an Tankstellen (max. 65% des Benzinpreises) wurde diese Umstellung vorangetrieben (Dünckmann 2000:22-23). Ergebnis ist, dass Brasilien lange Zeit der weltweit führende Produzent und auch heute noch größter Exporteur (etwa 15% der Produktion wird insbesondere nach China, Japan und USA geliefert) von Bioethanol war bzw. ist (Breuer et al. 2008:61). Im tropisch-subtropischen Klima Brasiliens liefert ein Hektar Fläche das Zuckerrohrmaterial für etwa 6000 Liter Biotethanol, was im Vergleich zur Zuckerrübe in den USA oder der EU etwa 1000 Liter mehr sind. Bioethanol hat in Brasilien momentan etwa einen Anteil von 40% an den KfZ-Treibstoffen. Benzin ist nicht mehr im Handel und der Dieselmotor ist dort nicht zugelassen (Brücher 2009:219).

„Aus volkswirtschaftlicher Perspektive versprechen Biokraftstoffe erfolgreich zu sein." Der Absatz der Energiepflanzen und der daraus gewonnenen Kraftstoffe zeigen sich in einer höheren Beschäftigung und Wirtschaftsleistung. In Brasiliens Biokraftstoffindustrie waren 2005 ca. 1 Mio. Menschen beschäftigt, wobei etwa 35% davon Saisonarbeiter sind. Weitere 300.000 Arbeitsplätze entstanden in der verarbeitenden Industrie. Durch die für 2025 angestrebte Verachtfachung der aktuellen Bioethanolproduktion könnte zu einer BIP-Steigerung von 11,4% und 5 Millionen Arbeitsplätzen führen (5% der Weltbenzinnachfrage könnte so von Brasilien gedeckt werden). Desweiteren konnte Brasilien seit 1975 etwa 100 Mrd. US$ durch die Substitution von Importen einsparen (abzuziehen sind davon etwa 9 Mrd. Subventionen). Durch die Verwertung von Biomasse statt fossiler Brennstoffe könnten durch CO_2-Gutschriften im Rahmen des Emissionshandels Gelder zufließen (Gerling/Gans 2008:60).

Bei den ökologischen Folgen sieht es hingegen überwiegend negativ aus. Die Luftqualität wird zwar durch den Übergang zur Verbrennung von Biotreibstoffen verbessert, aber durch die Subvention des Bioethanols kam es dazu, dass der motorisierte Individualverkehr den ÖPNV in den wachsenden Städten in den Hintergrund geschoben hat und somit auf diesem Weg wieder mehr Abgase erzeugt wurden (Gerling/Gans 2008:61). Neben dem teilweise massiven Einsatz von Düngern und Pflanzenschutzmitteln stellt die gängige Praxis die Felder vor der Ernte abzubrennen das wichtigste Umweltproblem dar. Zum einen sinkt dadurch die Gefahr für die Arbeiter bei der Ernte von Giftschlangen verletzt zu werden. Zum anderen wird durch die Reduzierung der überflüssigen Blätterbiomasse die Produktivität gesteigert. Allerdings kam es durch diese atmosphärische Rauchbelastung während der Erntezeit zu schweren Atemwegserkrankungen bei der Bevölkerung (Dünckmann 2000:26). Durch den erhöhten Wasserverbrauch bei der Weiterverarbeitung zu Alkohol kommt es zu einem Absinken des Grundwasserspiegels, welcher wiederum Folgen für die Vegetation hat, und großen Mengen von Abwasser (Gerling/Gans 2008:61). Pro Liter produzierten Alkohols entstehen 10 bis 14 Liter Abwasser, welches bei ungeklärter Einleitung in natürliche Gewässer zu einem schnellen Umkippen der Flüsse führt und dort Leben zerstören kann (Dünckmann 2000:26). Zudem haben Rodungen vielerorts natürliche Rückhaltebecken zerstört und begünstigen somit Flutkatastrophen (Gerling/Gans 2008:61).

Weiterhin gibt es auch auf der sozialen Ebene größtenteils negative Auswirkungen. Es wurden zwar nachweislich mehr Arbeitsplätze geschaffen, doch besteht ein Teil der Beschäftigung nur vorübergehend während der Erntezeit. Es gibt eine weit verbreitete Form der landwirtschaftlichen Arbeitskraft, die sogenannten bóias-frias. Diese Tagelöhner sind saisonale Wanderarbeiter aus dem armen Nordosten, welche von Vermittlungsfirmen angeworben und in die Hauptanbaugebiete des Zuckerrohrs im Bundesstaat Sao Paulo transportiert werden. Regionale Unterschiede zeigt Abbildung 5.

Abb. 5: Produktionsmenge von Alkoholtreibstoff der Bundesstaaten Brasiliens 1997.

  Quelle: Dünckmann (2000), S.25

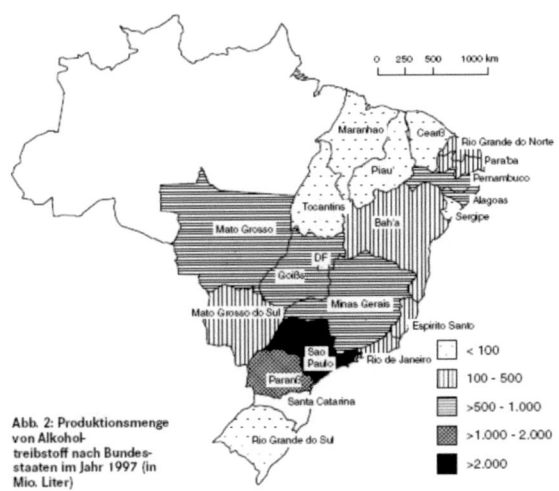

Unter niedriger arbeitsrechtlicher Absicherung helfen sie einige Monate bei der Ernte um ihre daheim gebliebenen Familien zu ernähren. Dabei sind die Arbeitsverhältnisse auf den Zuckerrohrplantagen durch einen 14-Stunden-Tag und die meist gebückte Haltung bei hohen Temperaturen und Mangelernährung sehr hart. Dadurch ergeben sich nicht selten Gesundheitsschäden. Keine Ausnahme bildet die Kinderarbeit auf Zuckerrohrplantagen. „Der erhoffte Ausgleich der regionalen Disparitäten blieb aus" (Dünckmann 2000:25). Im Nordosten kommt es bei unklaren Besitzverhältnissen teilweise sogar gewaltsam zur einer Zurückdrängung von unabhängigen Klein- und Mittelbetrieben durch expandierende Zuckerrohrplantagen. 2005 entfielen noch 30% der Zuckerrohrernte auf diese Klein-/Mittelbetriebe. Deren Besitzer wandern häufig mit ihren Familien in die Slums der Städte ab oder bleiben als rechtlose Tagelöhner auf den Plantagen. Die staatliche Förderung kommt nicht bei den wirklich Bedürftigen an. Vor allem den Besitzern der großen Zuckerrohrplantagen sowie den Inhabern der Weiterverarbeitungsbetrieben kommt diese zu Gute (Gerling/Gans 2008:61). Auch für die Autofahrer kommt es durch den verbilligten Kraftstoff zu einer Besserung. Durch diese Festlegung des Autos als dominantes Verkehrsmittel, verpasste der Staat die Gelegenheit den ÖPNV zu fördern, der auch den unteren Bevölkerungsschichten weitergeholfen hätte (Dünckmann 2000:26).

Dünckmann (2000:26) entschärft die von skeptischen Beobachtern befürchtete Ausweitung der Zuckerrohrpflanzungen auf Kosten des Anbaus von Grundnahrungsmitteln. In den 80er Jahren schrumpften zwar bei stetig zunehmender Bevölkerung die Flächen von Reis, Maniok und anderen Grundnahrungsmitteln vor allem im Bundesstaat Sao Paulo. Diese Entwicklung ist aber weniger auf eine direkte Konkurrenz um die Fläche zurückzuführen, da landwirtschaftlich nutzbare Fläche genug zur Verfügung steht. Sondern vielmehr war die geringe Kaufkraft der breiten Bevölkerung und die begrenzte Attraktivität des Nahrungsmittelbereichs (festgesetzte Höchstpreise beschränken die Gewinnmöglichkeit) ausschlaggebend.

5 Zusammenfassung/Fazit

Energiepflanzen sind Pflanzen die gezielt zur energetischen Nutzung angebaut werden. Zuckerrohr, Mais, Soja und Ölpalmen sind typische Beispiele. Zuckerrohr und Mais sind mit jeweils 40% Marktanteil die wichtigsten. Sie können zur Herstellung von Festbrennstoffen, Biogas und Biokraftstoffen verwendet werden. Die 5 Hauptbiokraftstoffe sind Pflanzenöl, Biodiesel, Bioethanol, Biomethan und BtL-Kraftstoffe. Letzere beide gehören zur zweiten Generation und sind effizienter, finden aber bisher kaum bis gar keine Anwendung. Durch verstärktes Klimabewußtstein und nachhaltige Wirtschaftsweise sowie durch ansteigende Rohölpreise finden diese Biokraftstoffe weltweit wachsende Bedeutung. Bioethanol (90 % Marktanteil) und Biodiesel (10%) sind die wichtigsten Biokraftstoffe. Die USA und Brasilien sind mit zusammen knapp 90% die Hauptproduzenten von Bioethanol. Beim Biodiesel ist Deutschland mit etwa 40% größter Erzeuger. Durch den Anbau von Energiepflanzen gibt es eine Vielzahl von Auswirkungen in den Anbauländern. Positiv ist vor allem der Zuwachs von Arbeitsplätzen in der Biokraftstoffindustrie zu vermerken. Am Beispiel Brasiliens, welches seit 1975 Biokraftstoffe verwendet und auch staatlich fördert, lassen sich aber auch einige negative Auswirkungen im sozialen und ökologischen Bereich herausstellen. So leiden die Arbeiter auf den Plantagen teilweise unter sehr harten Arbeitsbedingungen. Desweiteren werden bei ungeklärten Besitzverhältnissen zunehmend Klein- bzw. Mittelunternehmen im Nordosten Brasiliens von Plantagen verdrängt. Monokulturen haben negative Einflüsse auf die Natur. Es muss versucht werden die verschiedenen Aspekte (Ökonomie, Ökologie und Soziales) in ein gesundes Verhältnis zu bringen. Dies kann im großen Maßstab wohl nur unter Aufsicht und Auflagen des Staates passieren. Weiterhin müssen sich

vor allem die Industrienationen moralisch bewusst werden, dass die Versorgung mit Nahrungs-
mitteln in den Anbauländern über die eigene Profitgier im Bereich der Energie zu stellen ist.

Literaturverzeichnis

Breuer, T./Delzeit, R./Becker A. (2008): Biofuels: Die globale Renaissance der „Kraftstoffe vom Acker". In Geographische Rundschau 60(1), 58-64.

Brücher, W. (2009): Energiegeographie. Berlin: Gebrüder Borntraeger Vertragsbuchhandlung.

Bundestag (2006): Eckpunktepapier zur Einführung einer Quotenregelung für Biokraftstoffe. <http://www.bundestag.de/ausschuesse/a07/anhoerungen/018/EckpunktepapierQuote. pdf> abgerufen am 26.3.2009.

Dünckmann, F. (2000): Das brasilianische PROÁLCOOL-Programm – Biokraftstoff aus Zucker-rohr. In Geographische Rundschau 52(6), 22-27.

Fachagentur nachwachsende Rohstoffe (2009): Basisinfo nachwachsende Rohstoffe. < http://www.nachwachsenderohstoffe.de> abgerufen am 26.3.2009.

Fachagentur nachwachsende Rohstoffe (2009): Biokraftstoffe. http://www.bio-kraftstoffe.info abgerufen am 26.3.2009.

Flaig, H./Leuchtweis, C./Lüneburg, E./Ortmaier, E./Seeger, C. (1998): Biomasse – nachwach-sende Energie. Renningen-Malmsheim: expert-Verlag (= Kontakt & Studium 539).

Geitmann, S. (2005[2]): Erneuerbare Energien & Alternative Kraftstoffe. Kremmen: Hydrogeit.

Gerling, K./Gans, P. (2008): Biokraftstoffboom: Segen oder Fluch für die Agrarländer des Südens? In: Geographische Rundschau 60(4), 58-65.

Kaltschmitt, M./Reinhardt G.A. (1997): Nachwachsende Energieträger. Braunschweig: Fried-rich Vieweg & Sohn Verlagsgesellschaft mbH.

Meurer, M. (2000): Nachwachsende Energiepflanzen und biogene Reststoffe. In: Geographi-sche Rundschau 52(6), 22-27.

Quaschning, V. (2008): Erneuerbare Energien und Klimaschutz. München: Hanser.

Schenk, K. (2008): Ausgepresst für Agrosprit. In: Welt-Sichten 5, 32-33.

Reinhardt, G.A./Gärtner S.O. (2005): Biokraftstoffe made in Germany: Wo liegen die Grenzen?. In: Natur und Landschaft 9/10, 400-402.

Worldwatch Institute (2006): Biofuels for Transportation. Global Potential and Implications for Sustainable Agriculture and Energy in the 21st Century. Washington 2006.